《交换空间》设计师

最新作品（第1辑）

现代之家

Xian Dai Zhi Jia

本社 编

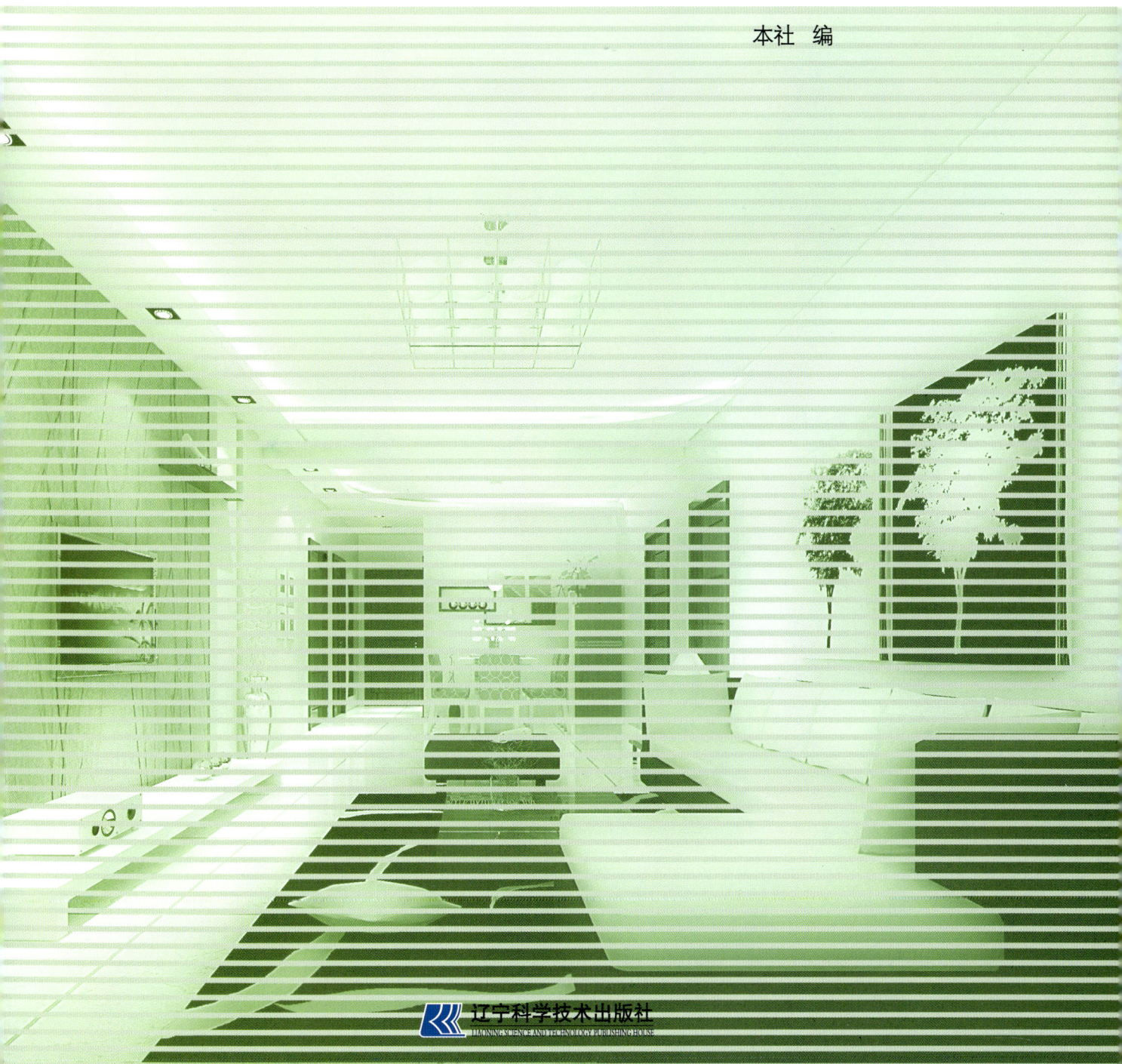

辽宁科学技术出版社
LIAONING SCIENCE AND TECHNOLOGY PUBLISHING HOUSE

图书在版编目（CIP）数据

现代之家／本社编.—沈阳：辽宁科学技术出版社，
2009.2（2009.6重印）
 ISBN 978-7-5381-5714-7

 Ⅰ．现… Ⅱ．本… Ⅲ．住宅－室内装修－建筑设
计－图集 Ⅳ．TU767-64

中国版本图书馆 CIP 数据核字（2008）第 211117 号

出版发行：辽宁科学技术出版社
　　　　　　（地址：沈阳市和平区十一纬路 29 号　邮编：110003）
印　刷　者：辽宁彩色图文印刷有限公司
经　销　者：各地新华书店
幅面尺寸：210mm×285mm
印　　张：4
字　　数：20 千字
印　　数：6001~11000
出版时间：2009 年 2 月第 1 版
印刷时间：2009 年 5 月第 2 次印刷
责任编辑：简　竹
封面设计：刘冰宇
版式设计：胡　岩
责任校对：徐　跃

书　　号：ISBN 978-7-5381-5714-7
定　　价：20.00 元

邮购热线：024-23284502
http://www.lnkj.com.cn

张双红
▲2005年10月应邀参加CCTV-2《交换空间》栏目拍摄。

王勤俭
▲2004年底、2005年4月、2005年5月三次应邀参加CCTV-2《前沿》、《交换空间》栏目拍摄。

袁津
▲2006年6月、2008年9月两次应邀参加CCTV-2《交换空间》栏目拍摄。

王庆利
▲2006年12月应邀参加CCTV-2《交换空间》栏目拍摄。

李凌霄
▲2006年6月应邀参加CCTV-2《交换空间》栏目拍摄。

李玲玲
▲2006年、2008年9月三次应邀参加CCTV-2《交换空间》栏目拍摄。

宋新平
▲2007年3月、2007年6月、2008年1月三次应邀参加CCTV-2《交换空间》栏目拍摄。

屈韬
▲2006年7月应邀参加CCTV-2《交换空间》栏目拍摄。

刘喆
▲2007年2月应邀参加CCTV-2《交换空间》栏目拍摄。

欧阳昌涛
▲曾应邀参加CCTV-2《交换空间》栏目拍摄。

范立
▲先后五次应邀参加CCTV-2《交换空间》栏目拍摄。

投稿联系方式

辽宁科学技术出版社建筑图书出版中心　联系人：郭 健　郭媛媛　闻 通
电话：024-23284536 23284356　传真：024-23284740　E-mail：jianzhu_editor@126.com

CONTENTS

目 录

BAI LING SHUANG XING D HU XING_白领双星D户型

设计师：张双红

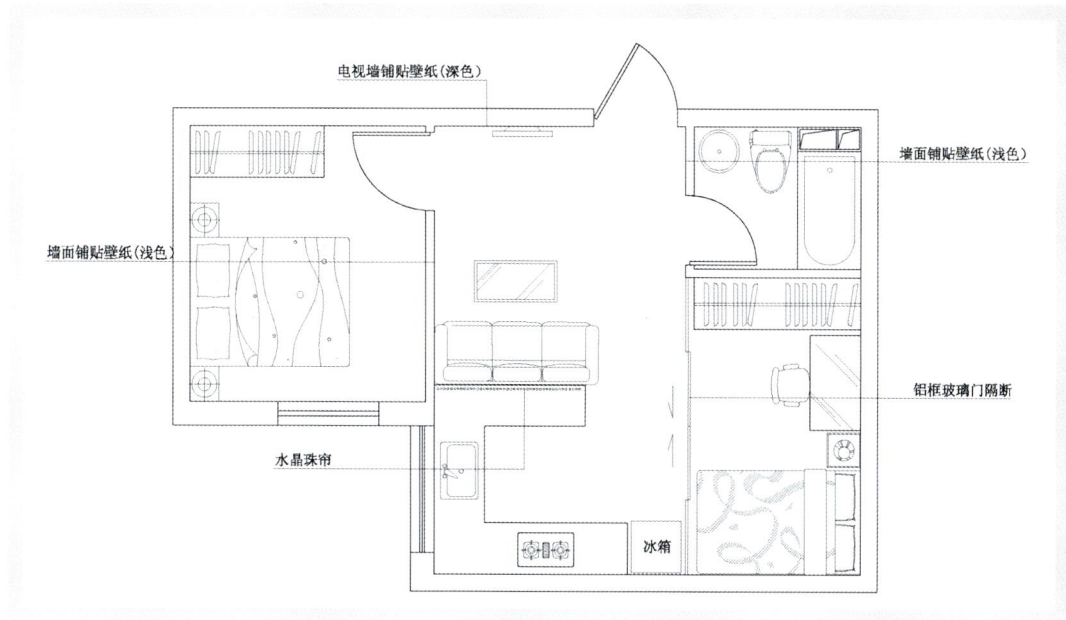

电视墙铺贴壁纸(深色)

墙面铺贴壁纸(浅色)

墙面铺贴壁纸(浅色)

水晶珠帘

铝框玻璃门隔断

冰箱

D户型平面布置图

B
L
白领双星
S X

BAI LING SHUANG XING E HU XING_白领双星E户型

设计师：张双红

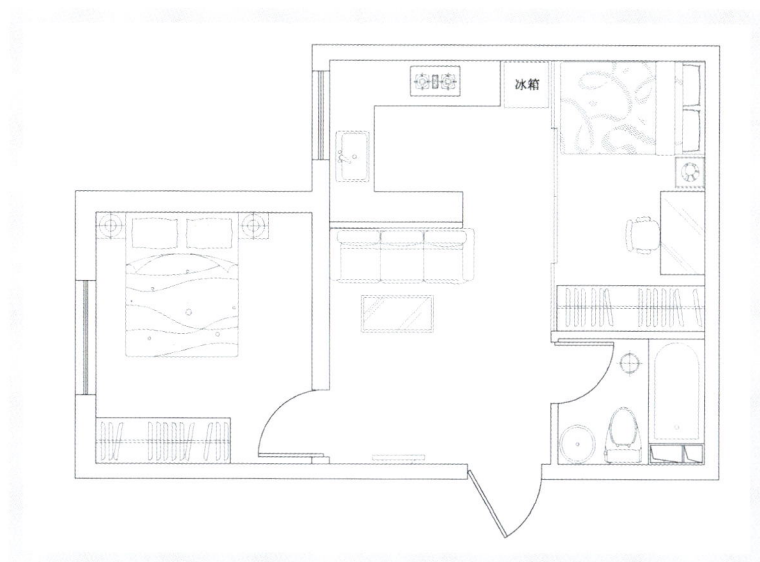

E户型平面布置图

HAI DE GONG YUAN_海德公园

设计师：张双红

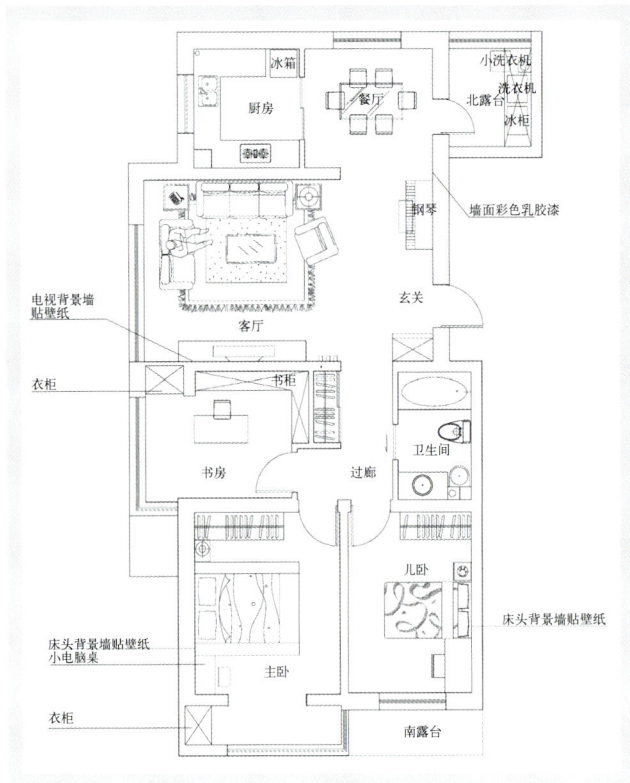

平面布置图

H
D
Y
G

海德公园

XIN HU BEI GUO_新湖北国

设计师：张双红

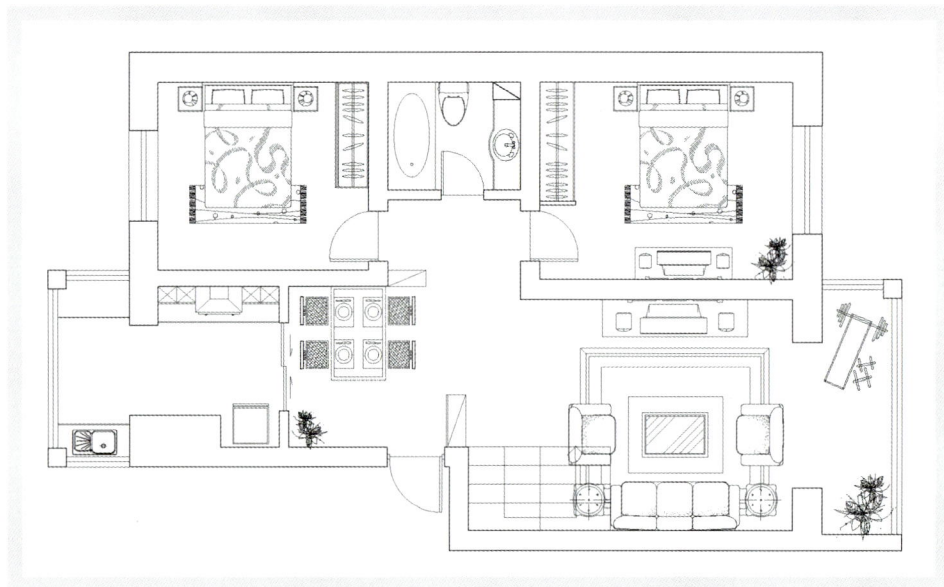

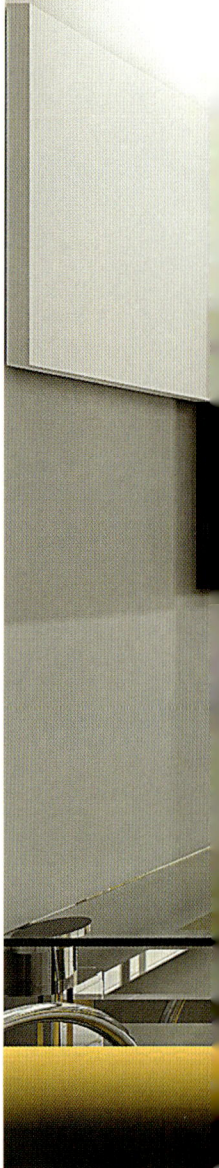

一层平面布置图

XH
BG

新湖北国

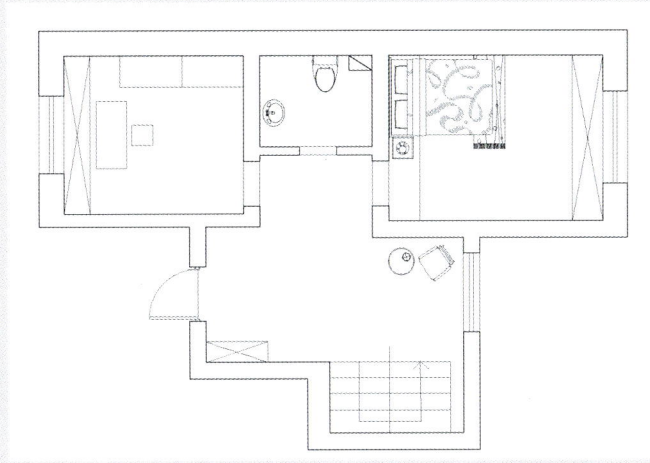

二层平面布置图

CHAN YI YAN RAN_禅意嫣然

设计师：王勤俭　建筑面积：220m²　总造价：85万元

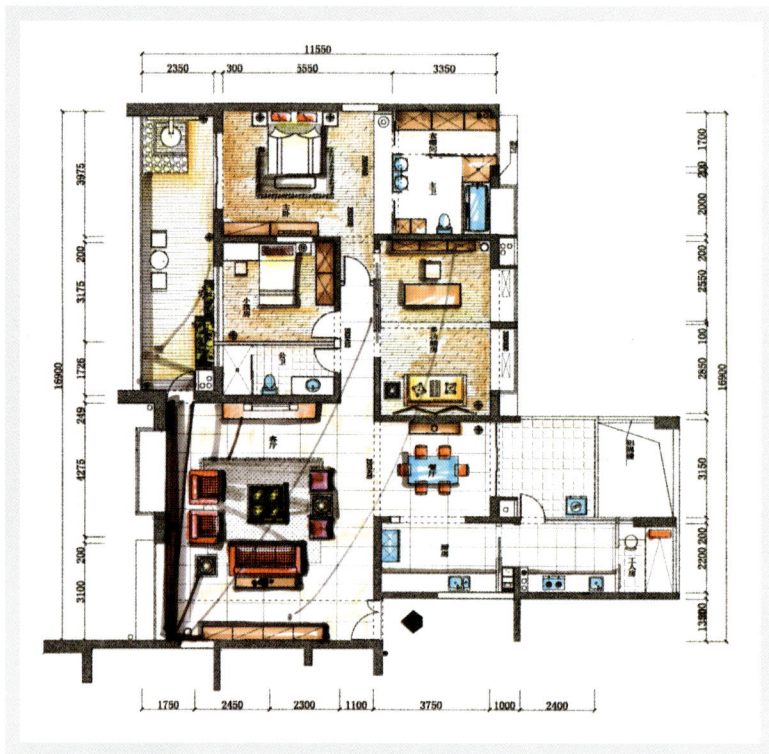

平面布置图

BEI OU QIU YANG_北欧秋阳

设计师：王勤俭　建筑面积：180m² 总造价：64万元

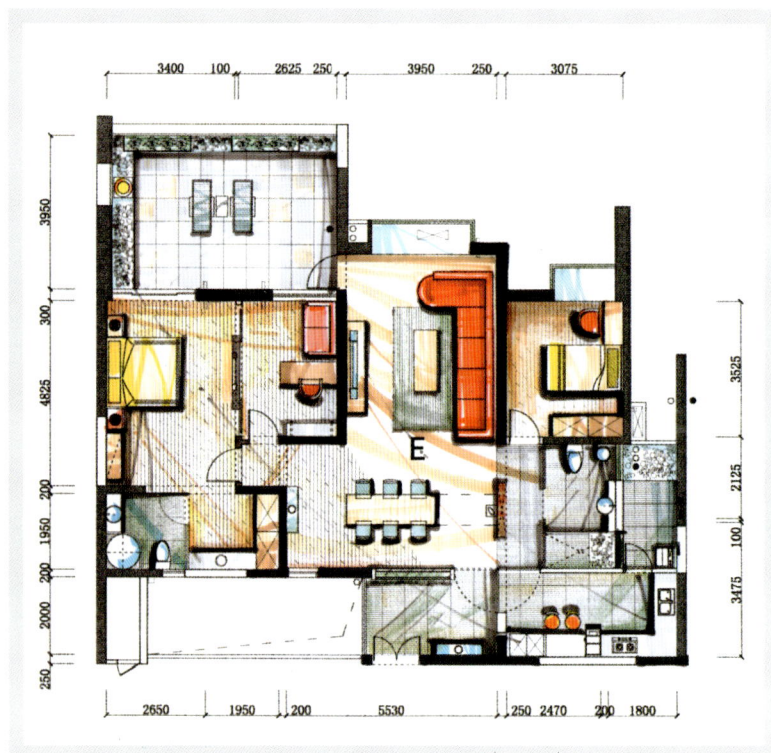

平面布置图

BEI OU QIU YANG

YI LIAN YOU MENG_一帘幽梦

设计师：王勤俭　建筑面积：128.50m²　总造价：62万元

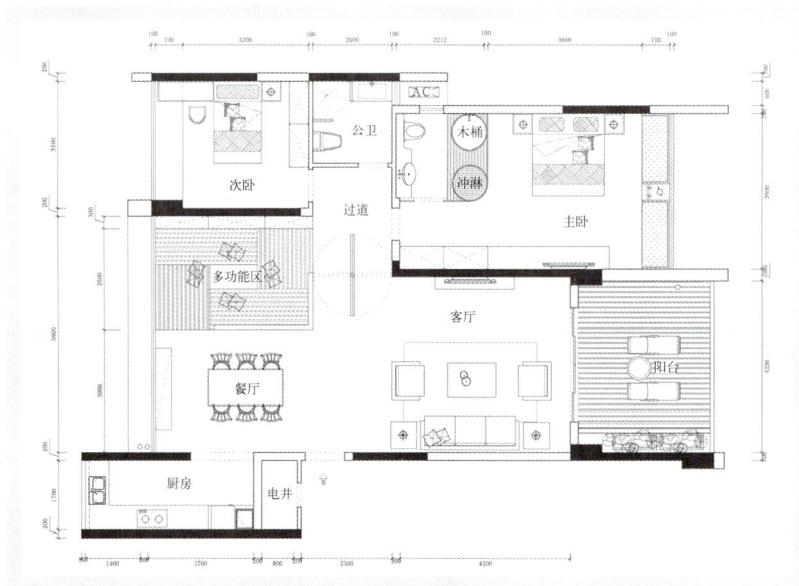

平面布置图

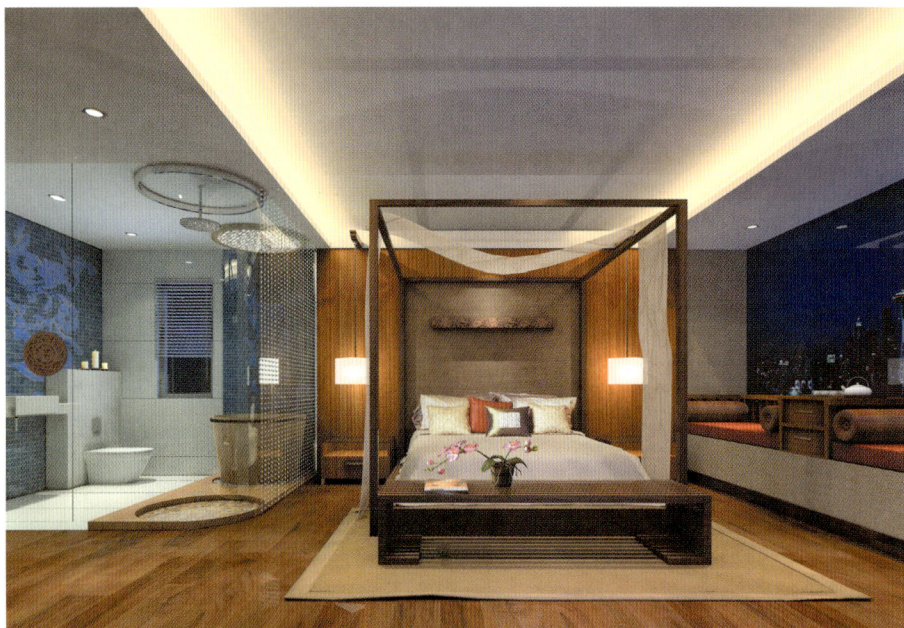

YU DIAN YING YOU GE YUE HUI_与电影有个约会

设计师：王勤俭　建筑面积：75.64m²　总造价：40.1万元

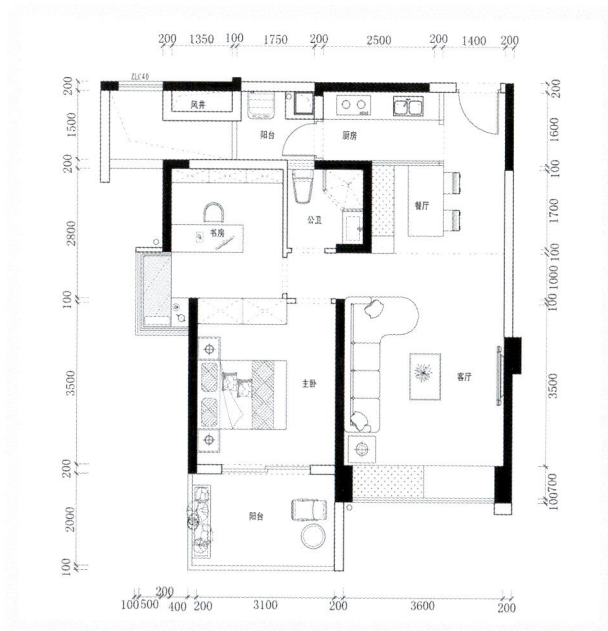

平面布置图

PIN HUA JU_品华居

设计师：李凌霄

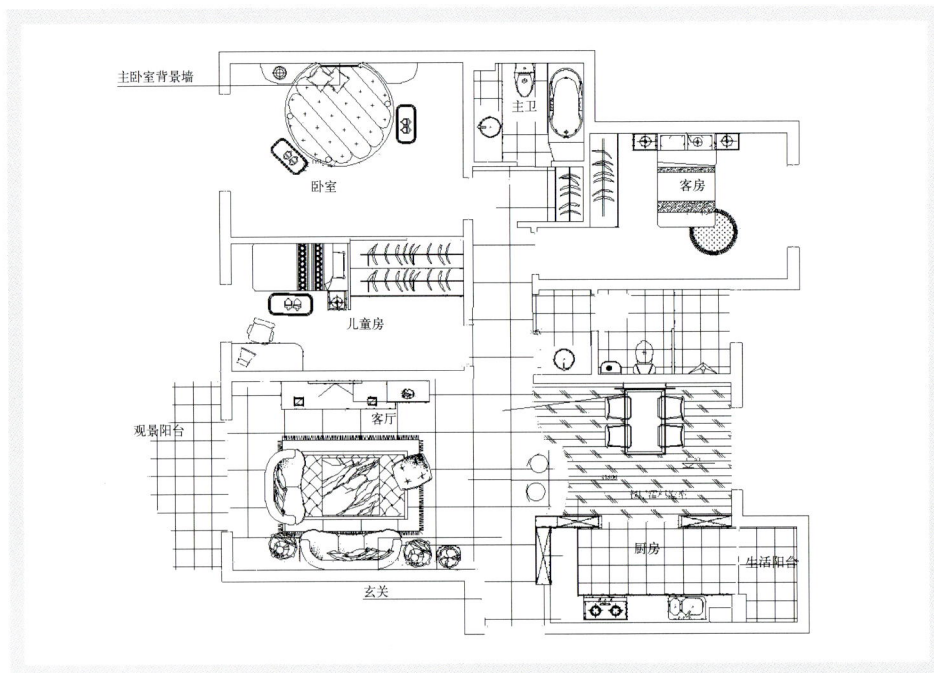

平面布置图

SHI BO TE_诗波特
设计师：张双红

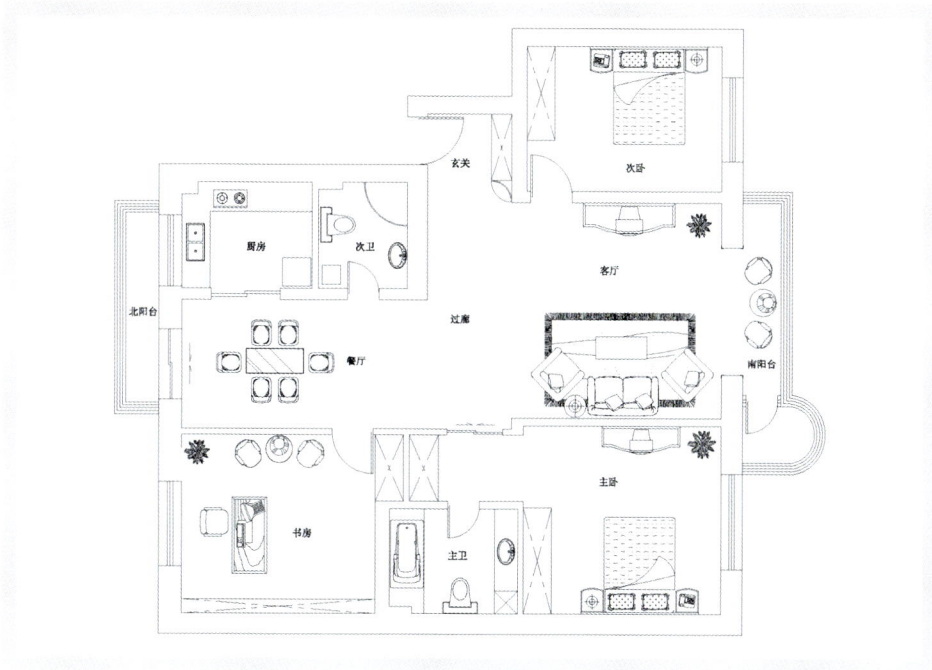

平面布置图

S
B
诗波特
T

DU YI GE_独一阁

设计师：张双红

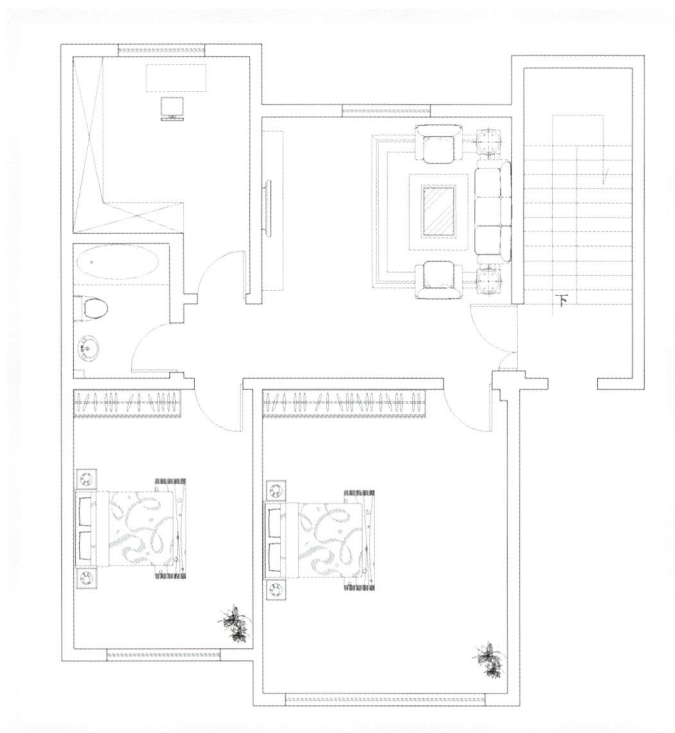

平面布置图

D
Y
独一阁
G

DYG

独一阁

WAN KE YU CHENG_万科寓城

设计师：张双红

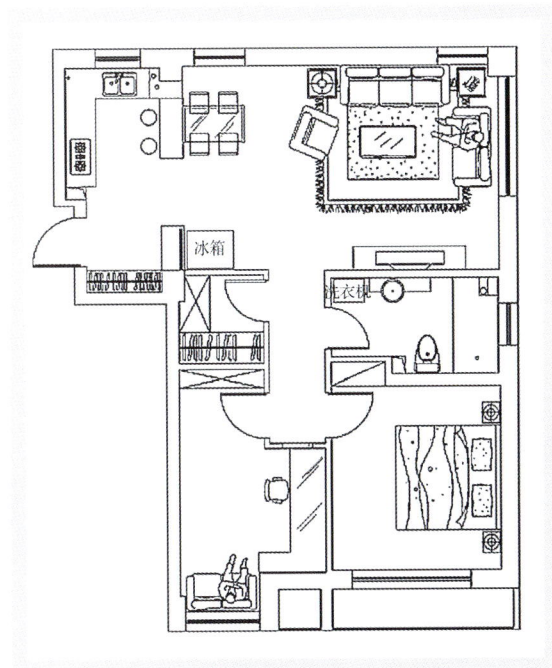

平面布置图

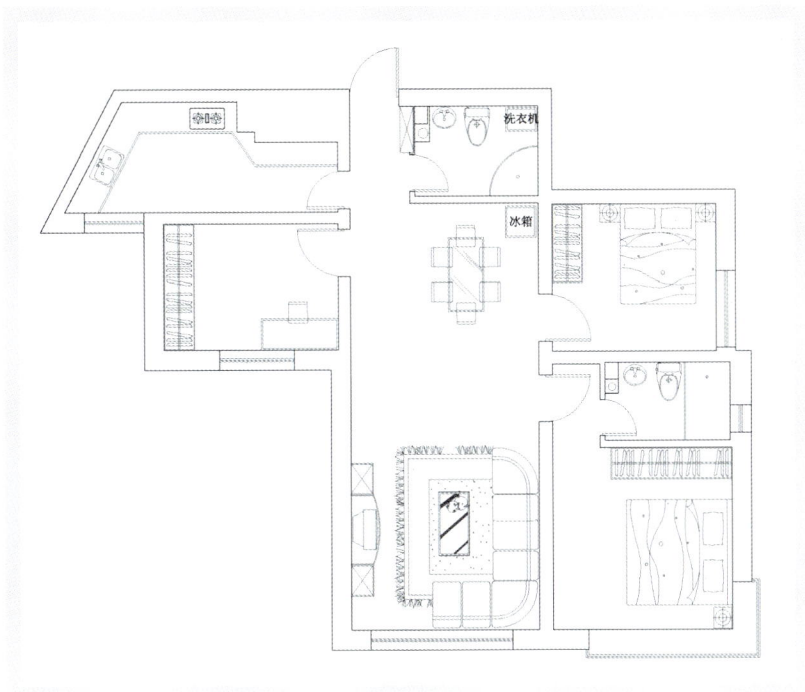

平面布置图

CUI HU_翠湖

设计师：屈韬

QIAN TAI JU_千泰居

设计师：刘喆

一层平面布置图

设计师：刘喆

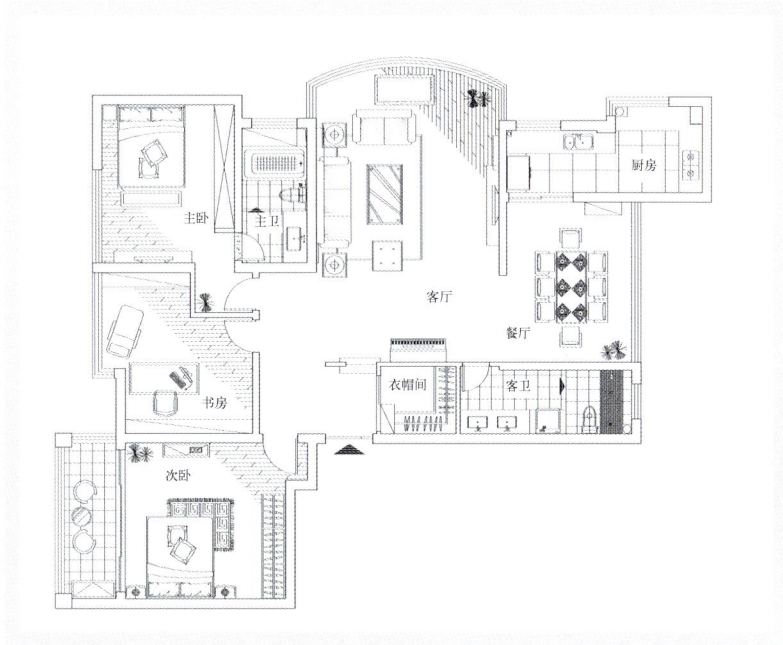

平面布置图

S
F
双福花园
H
Y

YU SHU LIN FENG_玉树临风

设计师：刘喆

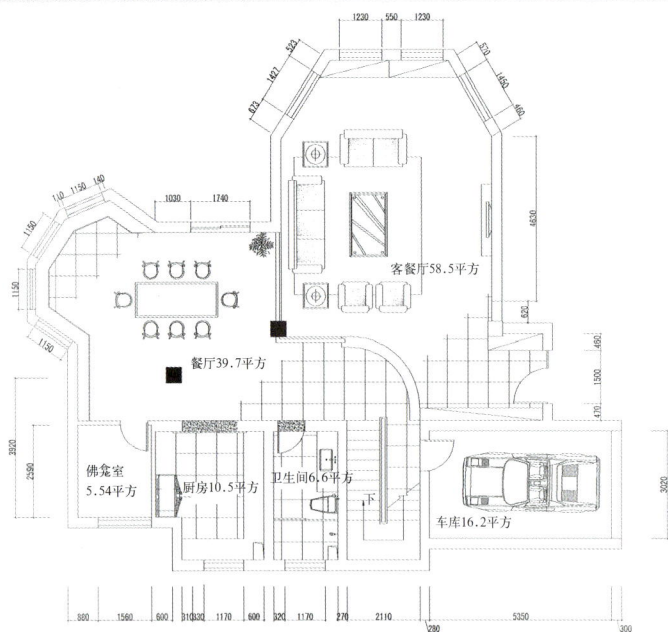

一层平面布置图

客餐厅58.5平方

餐厅39.7平方

佛龛室
5.54平方

厨房10.5平方

卫生间6.6平方

车库16.2平方

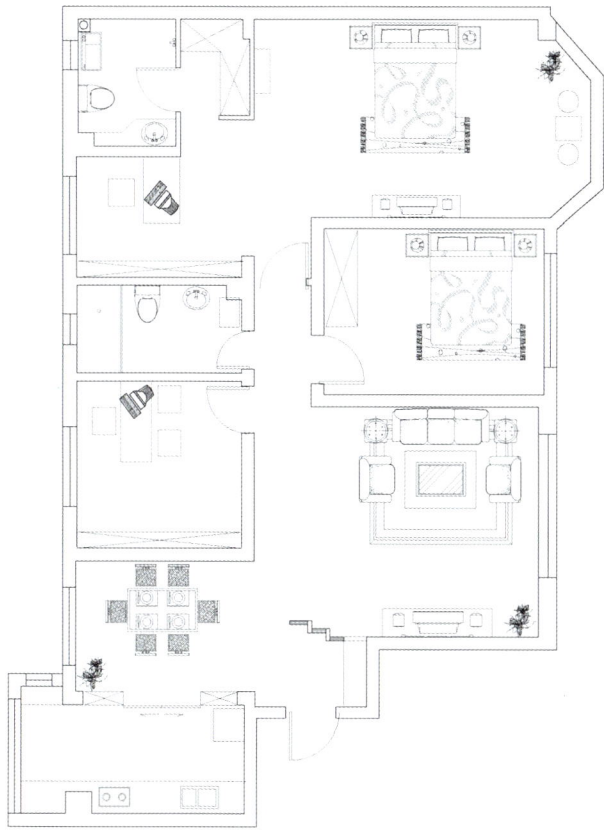

平面布置图

Z
Y

中远景泰

J T

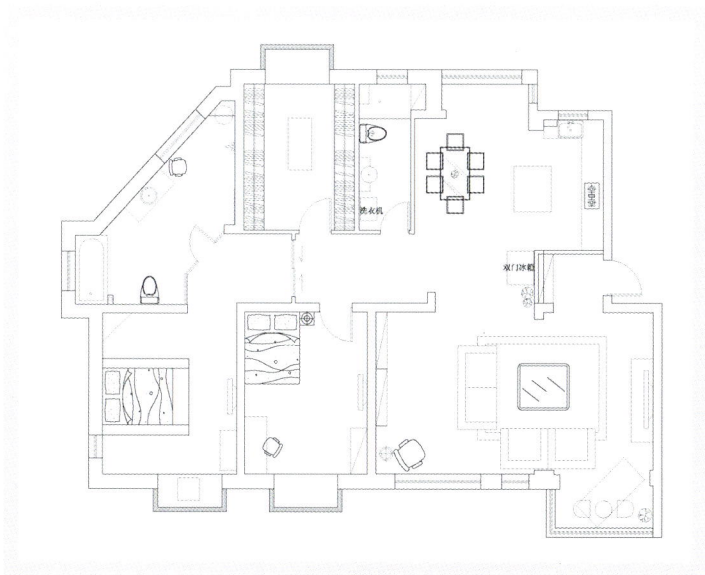

平面布置图

W
M
唯美品格
pG

DI WANG GUO JI_地王国际

设计师：张双红

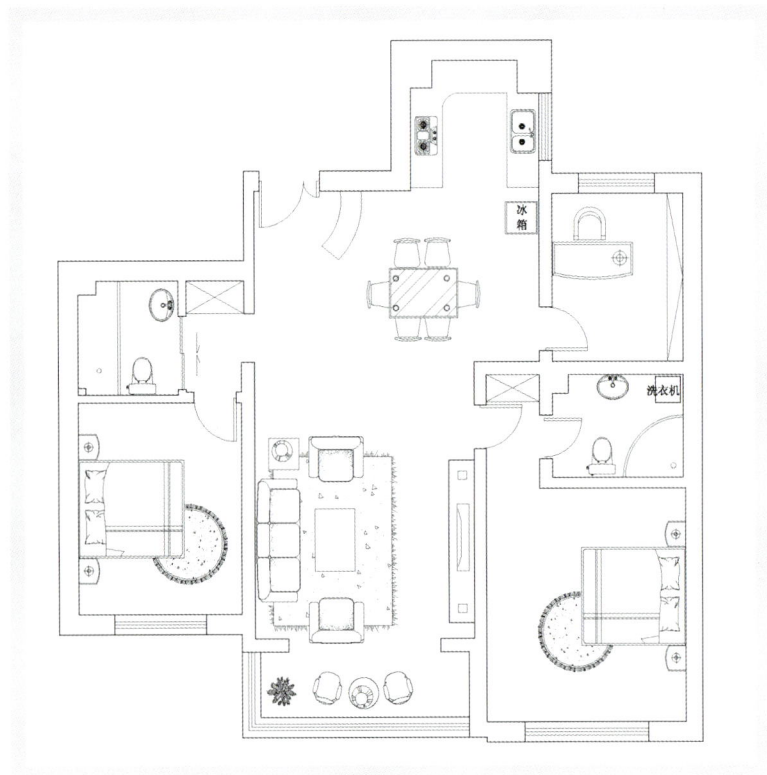

平面布置图

SHANG PIN JU_尚品居
设计师：张双红

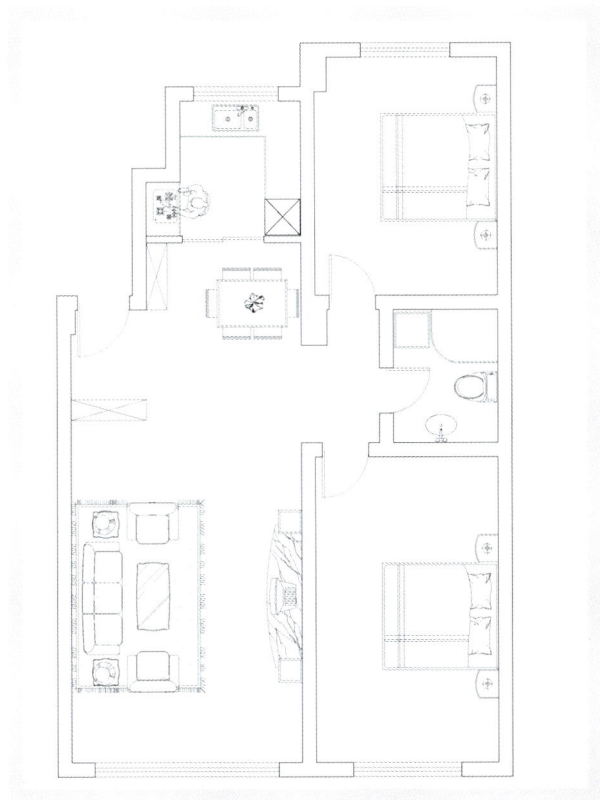

平面布置图

SHANG PIN YUAN_尚品苑

设计师：张双红

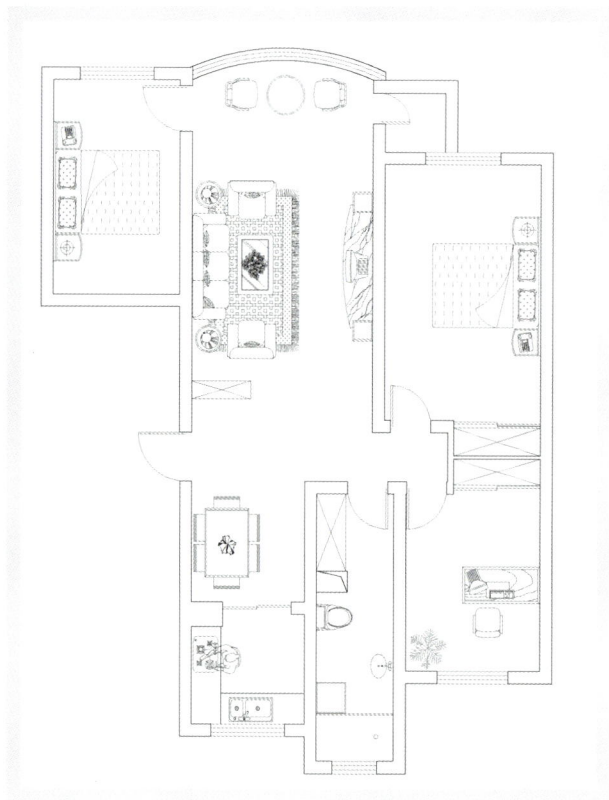

平面布置图

FU YUAN MING DU_府苑名都

设计师：张双红

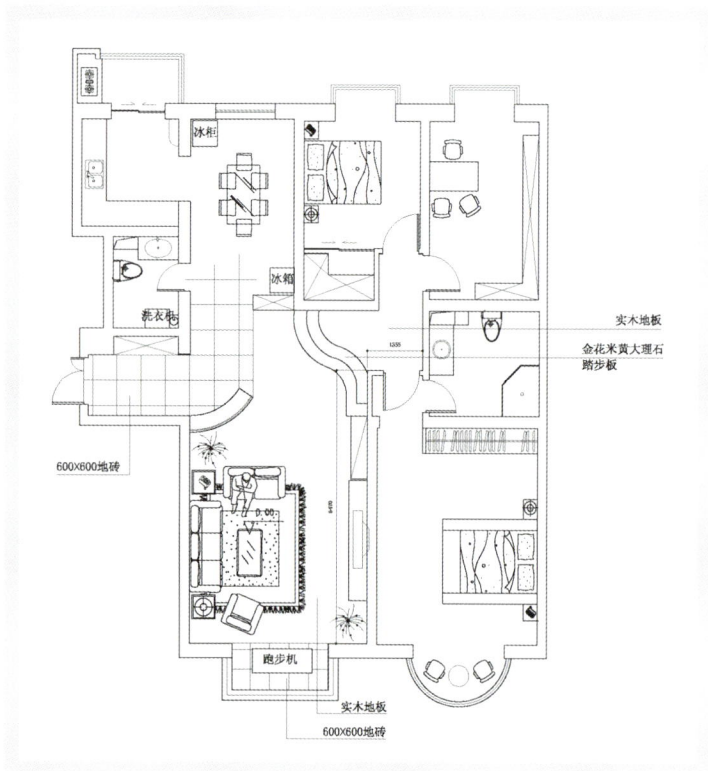

冰柜

冰箱

实木地板

金花米黄大理石
踏步板

洗衣机

600×600地砖

跑步机

实木地板
600×600地砖

平面布置图

現代之家

BI SHUI MING MEN_碧水名门

设计师：张双红

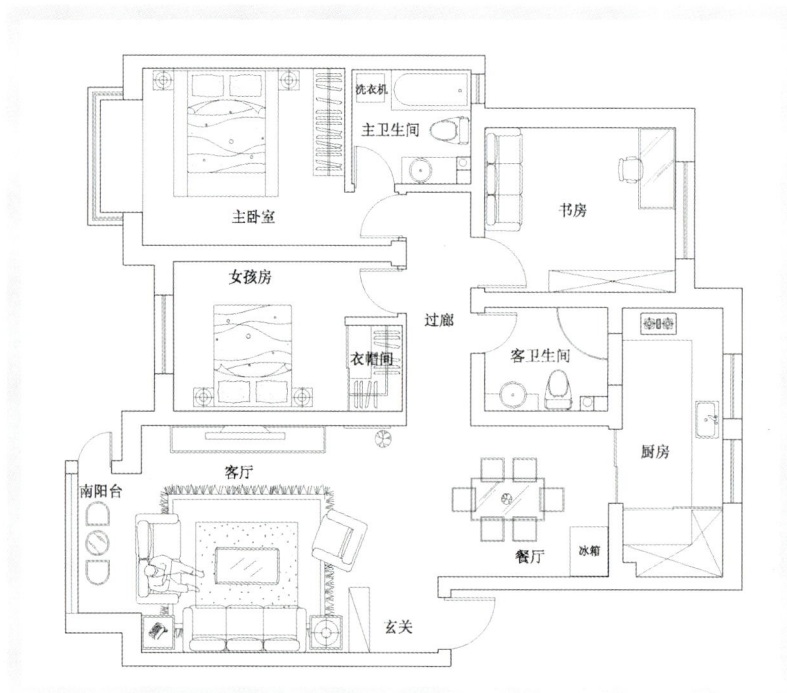

平面布置图

YI DONG HUA YUAN_移动花苑

设计师：张双红

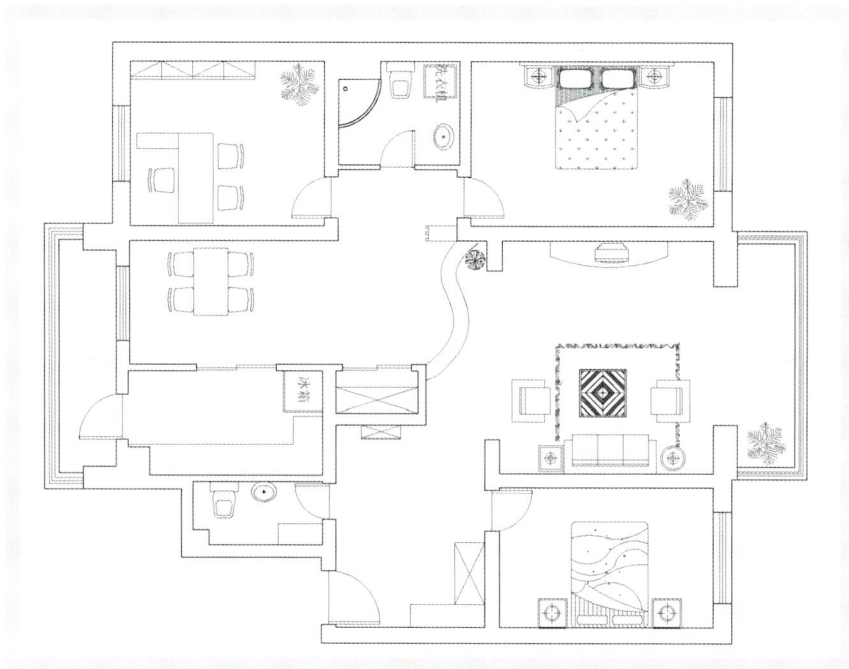

平面布置图

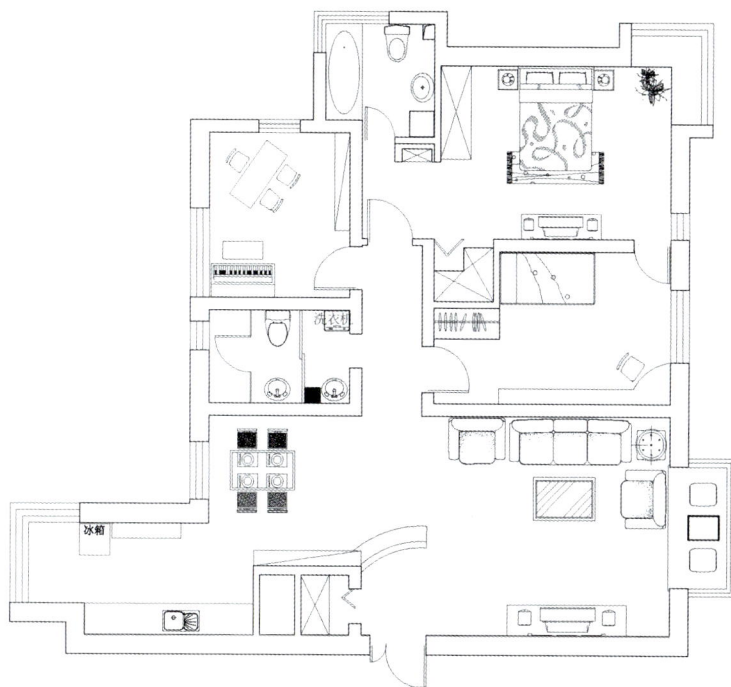

平面布置图

XIANG GE WEI LAN_香格蔚蓝

设计师：张双红

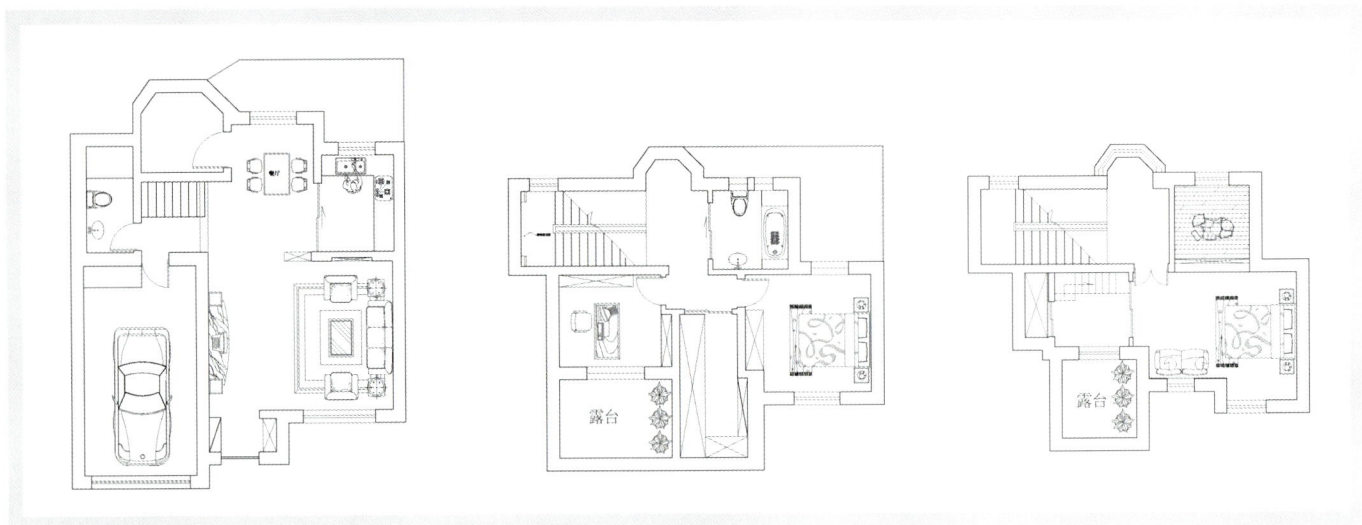

平面布置图

X
G
香格蔚蓝
WL

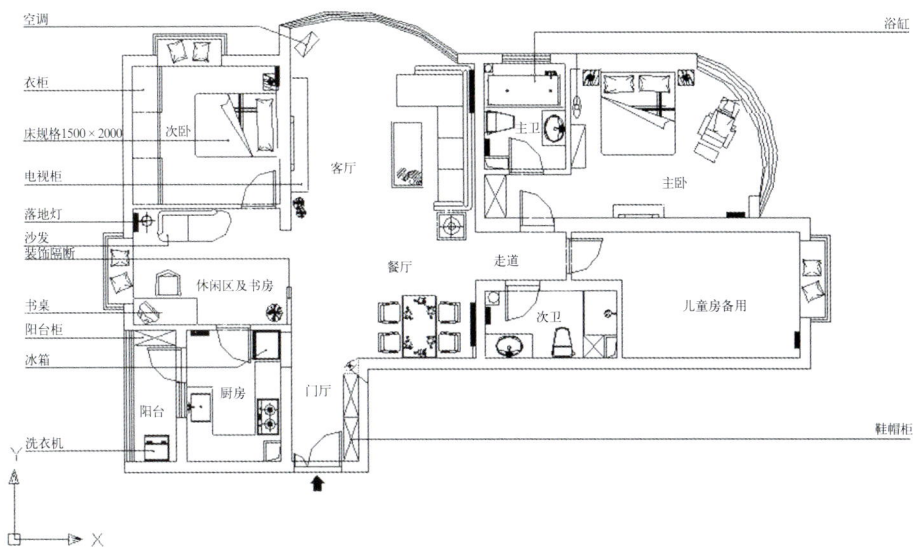

空调
衣柜
床规格1500×2000
电视柜
落地灯
沙发
装饰隔断
书桌
阳台柜
冰箱
洗衣机

浴缸

次卧
客厅
主卫
主卧

休闲区及书房
餐厅
走道
儿童房备用
次卫

阳台
厨房
门厅
鞋帽柜

Y
X

平面布置图

DU YI FANG

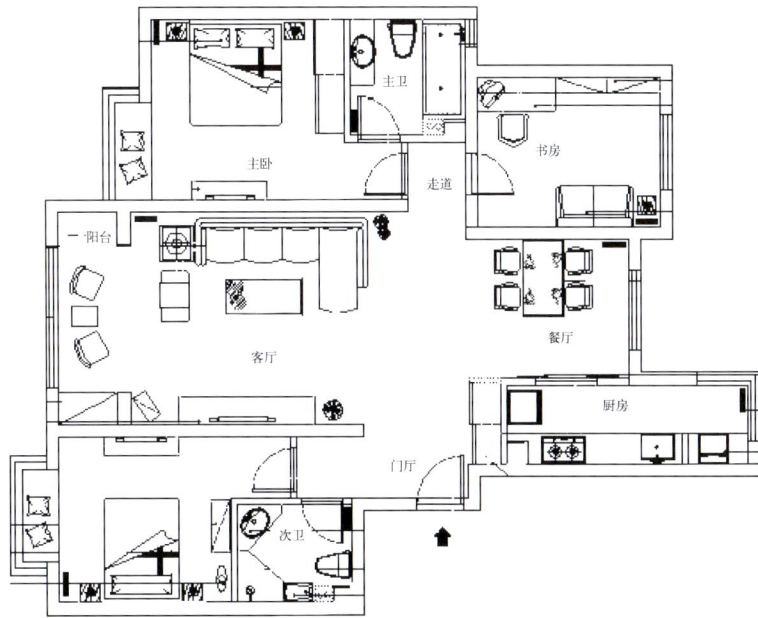

平面布置图

BI SHUI YUN TIAN_碧水云天

设计师：袁津

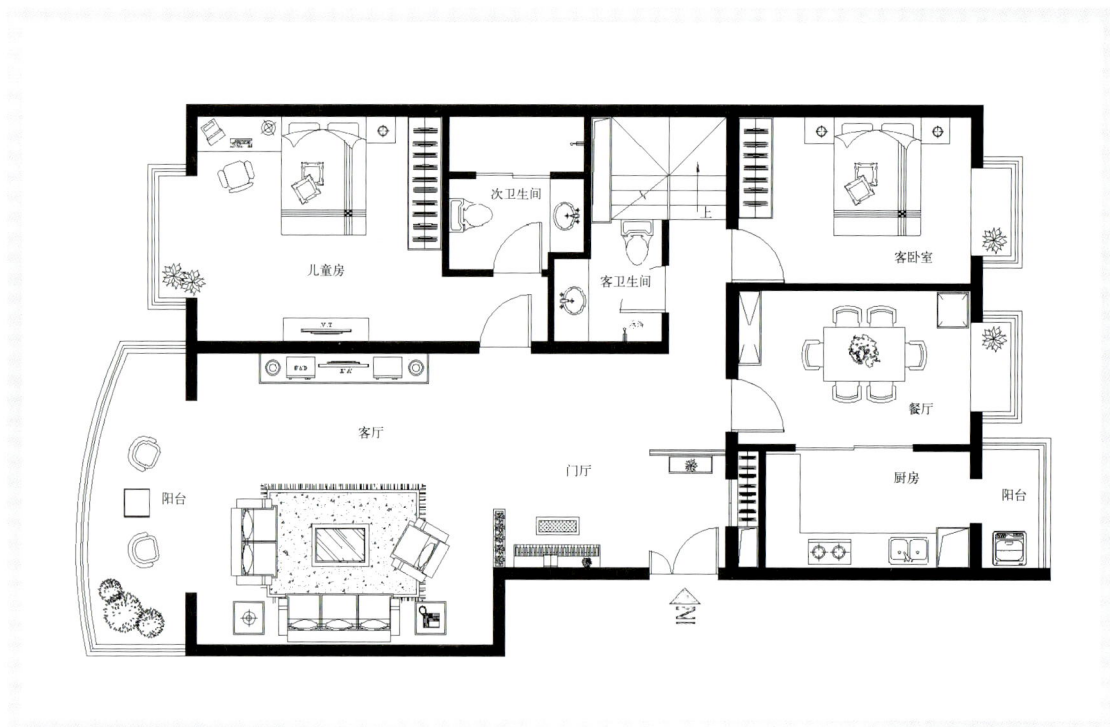

一层平面布置图

次卫生间
客卫生间
儿童房
客卧室
餐厅
客厅
门厅
厨房
阳台
阳台

二层平面布置图

主卫生间
储物间
主卧室
视听区
书房
储物间
健身空间
休闲茶室

B
S
碧水云天
Y T

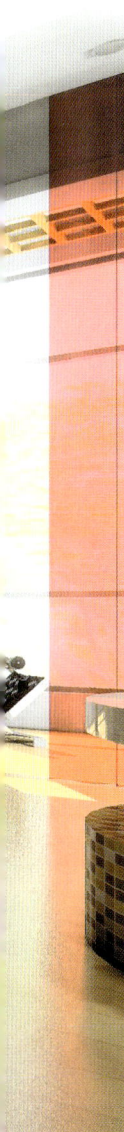

XIANG SHU WAN_橡树湾

设计师：屈韬